U0567151

公共装置
艺术设计
第二版

主编 金彦秀 严赫镕 金百洋

东华大学出版社
·上海·

内容提要

本书共分六章，通过对装置艺术的产生原因、发展状态、材料运用、教学实践等几个环节进行系统论述，使之达到教学的目的。书中大量编录了国际展览中前沿的装置作品，并配有案例解释，便于读者理解。

本书的编写不仅给公共艺术专业、环境艺术专业教学提供了参考，而且也为装置艺术爱好者提供了详实的作品实例，极具参考价值。

图书在版编目（CIP）数据

公共装置艺术设计 / 金彦秀，严赫镕，金百洋主编 . — 2 版 .
— 上海：东华大学出版社，2022.8
ISBN 978-7-5669-2094-2
Ⅰ . ①公… Ⅱ . ①金… ②严… ③金… Ⅲ . ①公共建
筑 – 建筑设计 – 环境设计 Ⅳ . ① TU-856

中国版本图书馆 CIP 数据核字 (2022) 第 133712 号

责任编辑：高路路
版式设计：魏依东

公共装置艺术设计 第二版
GONGGONG ZHUANGZHI YISHU SHEJI DIER BAN
主 编：金彦秀 严赫镕 金百洋

出　　　版：东华大学出版社（地址：上海市延安西路1882号　邮编：200051）
本社网址：http://dhupress.dhu.edu.cn
天猫旗舰店：http://dhdx.tmall.com
营销中心：021-62193056　62373056 62379558
印　　　刷：上海普顺印刷包装有限公司
开　　　本：787 mm × 1092 mm　1/16
印　　　张：5.75
字　　　数：202千字
版　　　次：2022 年 8 月第 2 版
印　　　次：2024 年 1 月第 2 次印刷
书　　　号：ISBN 978-7-5669-2094-2
定　　　价：68.00 元

CONTENTS
目 录

第一章 叩开装置艺术的大门 / 4

第一节 装置艺术解说 / 6

第二节 装置艺术面貌 / 13

第二章 装置艺术视域 / 18

第一节 媒介广阔性 / 19

第二节 表现模样 / 23

第三章 装置艺术公众性 / 30

第一节 公众与观念 / 31

第二节 大众服务与人性张扬 / 34

第三节 各领域的衔接 / 41

第四章 装置艺术参与集合 / 42

第一节 参与 / 44

第二节 集合 / 51

第三节 触摸 / 58

第五章 装置艺术拓展 / 70

第一节 不择手段 / 72

第二节 观念外延 / 74

第六章 装置艺术创作课题 / 78

第一章 叩开装置艺术的大门

本章引言

"场地＋材料＋情感"是对装置艺术最朴素的理解。

初入的感觉，发展的概貌，装置与现代艺术之间的连带关系，所处的位置，以及装置艺术最简单的表现方式，本章就是通过帮助学生叩开装置艺术的大门，直观的面对，感官的认知。为后续课程更为深入地研究打下基础。

本章重点

叩开大门，直观的面对、感官的认知。

本章难点

如何认知，理解，"场地＋材料＋情感"。

建议课时

10课时。

图1-1 首尔现代美术馆，卫星接收机装置作品

　　装置艺术就是通过艺术家们的慧眼，把人们平常活动中产生的一些消费或没被消费的物质文化的实体，艺术性地加以选择、重新利用，把它改造后，加以组合，重新注入思维赋予新的生命，放置在一个特别的环境空间里，重新演绎展示艺术家呈现出的丰富的精神文化意蕴。装置艺术在它的发展过程中一是受观念的掌控，另一是自身经验积累的促动，这就导致在创作中更加关注创造的内容、文化的指向、题材的挑选、艺术的本质、价值的定位、情感的流向、操作的方法等方面，在这些方面的促使下，使得装置的状态关注的指向更加繁复、多元化，更加显现出装置艺术的固有特征（图1-1）。

知识链接

由于装置艺术的出现，随之呈现出很多非常专业的装置艺术美术馆。通过建立这些专业的装置美术馆或博物馆，使得装置艺术加快了发展。如卡帕街装置艺术中心（美国旧金山）、伦敦装置艺术博物馆、纽约新兴当代艺术中心。美国的圣地亚哥当代艺术博物馆在1969年至1996年期间，举办了67次装置艺术展览。不仅如此，相关美术院校也增加了装置的课程，英国的哈德斯费尔得大学还颁发给学生专门的装置艺术学士学位（图1-2、图1-3)。

图1-2 作品名称：厕所里有欢喜，2000年在韩国首尔地铁7号线列车内设置了6个月

图1-3 光州双年展入口处

第一节 装置艺术解说

装置艺术简单地说，就是"场地 + 材料 + 情感"的综合展示艺术。是艺术家把日常大众已消费或未消费过的日常生活物质文化实体，进行艺术性地选择、加工，重组后再放置在特定的时空环境里，表现艺术家丰富的精神文化意蕴的艺术形态。

装置艺术的概念从 20 世纪六七十年代开始逐渐地被人们所认识，逐渐地改变着装置艺术偶发或巧合的概念，把它看作是一个非常重要的艺术门类。装置艺术与绘画、雕塑等艺术门类并列，包含的内容很多，其中的行为、表演与装置的结合都囊括在其中（图 1-4~图 1-8）。

图 1-4 首尔文化会馆前的装置艺术作品

图 1-5 首尔文化会馆前的装置艺术作品

图 1-6 作品名称：Performance Courtesy the artist

在一个挂有死者相片的房间里，艺术家雇用一些表演者在房子中间的台子上吟唱颂歌，表达对死者的哀悼与思念。使参观者直观感受之外更得到心灵上的震撼

图1-7 表演装置艺术作品

一台古旧的爆米花机器，一串串扎好的爆米花，勾起观者们儿时的记忆与对美好纯真童年的思念。观者可以走入其中，爆米花香迎面而来，可以碰触也可以品尝。观者俨然成为此作品的一部分，用每位观者不同的行动和感受为此作品划下完美的句号

图1-8 表演装置艺术作品

作品在"大人市场"内展示。这件装置作品是把租借的场地布置成一间橘黄色的空间。创作者亲自出演，一直不停地榨果汁给路过的游客免费品尝，把表演和行为介入到其中。这件作品不是一成不变的，而是将作者制作果汁过程和观者的品尝，还有他们之间的交谈等作为作品的一部分。创作者用看、听、味、闻、说和其他肢体语言为作品注入别样的生命力

一、穿越时空

装置艺术从 20 世纪 60 年代开始，跨越到今天的时空，虽然它发展的过程很短，但发展势头快，影响力越来越大。装置艺术已经成为当代艺术中的时髦品牌。各种国际性的大展都有装置作品出现，作品容量也颇具影响力。其中有影响力的双年展或三年展几乎成为装置艺术展览的天堂，博得许多画家、雕塑家或现代艺术家的喜爱。

当代装置艺术发展迅猛，其前卫性、实验性、观念性及荒谬性也都愈发凸显，逐渐取代人们已经习惯的架上艺术的主导地位，越来越成为艺术家们喜欢的一种创作表现模式。它俨然成为了一种独立的新艺术形式，其创造性、开放性、超前行、模糊性、游离性，更适应当代人创作与表现的需求，也成为艺术探索的一种特殊手段（图 1-9、图 1-10）。

图 1-9 由玻璃组成的装置艺术作品，作者：Laurence DERVAUX

图 1-10 作品名称：The Black Sun，与光艺术结合装置艺术作品

二、实物的拼凑

装置艺术其中的一个特点，是实物的拼凑。当我们一想到拼贴，不由得就想起了法国达达派领袖马塞尔·杜尚，他曾经利用达·芬奇的名画《蒙娜丽莎》印刷品并在头像上填上两撇胡须，扰乱人们的审美概念，颇具影响力。他曾说过："如果某人说，'那是艺术'，那么，它就是艺术。" 在他行为观念的影响下，开创了绘画史上前所未有的"现成品艺术"的应用。它具有以下特征：首先，不需要像其他艺术那样描绘、塑造或雕刻，而且以实物凑合而成。其次，不像以前的艺术作品那样在特定的艺术材料下，经过艺术家再造型处理，而是用实物或废弃物组合构成即可。那些废弃的日常生活中或工业生产中的一切实物都可纳入创作的媒介，去除废弃物本身的功能价值，注入艺术家赋予的艺术观念，或是丰富的艺术语言，通过作品与注入思想的废弃物与空间交融、相互转换，呈现出富于象征寓意和审美的作品（图 1-11~ 图 1-14 ）。

图 1-11 由各种灯管和美容用架子组成的装置艺术作品
作品收集了日常生活中司空见惯的物品，重新拼接组装在一起塑造新的造型形态，同时也赋予其新的审美

图 1-12 作品名称：Time capsule-27(installation view)，本版权作品是具有空间环境的拼装装置作品

图 1-13 具有"极少主义"涵义表现的装置作品

图 1-14 选取一些有生活痕迹的实物，组合在一定的"空间"中。就好像一个"房子"要添置"新家具"一样，在一定的空间范围内根据需要规划放置。箱子内充满了生活的印记和作者的经历，仿佛时间与空间交错，诉说着一个个动人的故事

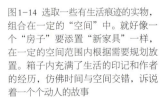

三、当代性视觉冲击

　　装置艺术与其他艺术在视觉上不同的特征是其更具有视觉冲击力。由于装置艺术属性的缘故，视觉上更加开放、艺术上更加包容，更易接受新的理念。形式上不拘一格，材料上不受限制，创作手段多样，各种艺术的元素更易互动等，装置艺术的创作与其他艺术相比更具有灵活性，更不受条条框框限制，更具主动性。在这些创作因素的促使下，它势必比其他艺术创作的优势更明显、突出，当代性的视觉冲击力就不言而喻了。装置艺术的作品或者大型的展览给人们的印象是具有"视觉震撼力""抢眼"，含有刺激性和诱惑性的意味。当装置艺术作品出现 "张扬"、"攻击"和"权力"的概念，自然而然的"视觉的冲击"就更具膨胀。

　　由于装置艺术底线的开放，解放了艺术家和观众对原有艺术观念的理解，使得艺术家的创作达到了一种前所未有的自由状态，这就使得艺术创作没有极限的限制，新奇、怪异、不符合逻辑的视觉逆向冲击力的作品层出不穷。在科技和新材料革命的带动下，多种材料被装置创作使用，特别是新媒体的出现，使装置艺术的创作更具当代视觉的冲击力，作品也更加犀利（图 1–15~ 图 1–17）。

图 1–15　作品名称：New Citizen

作品结合新媒体技术向人们展现出具有超现实荒诞趣味的新市民故事，新媒体的介入大大提升了艺术"诉说"的表现力

图1-16 作品局部，新媒体中的影像，所产生的视觉当代性　　图1-17 作品中新媒体与艺术的互动

知识链接

　　"新媒体"是从装置和录像艺术里分化出来的。新媒体是一种以"光学"媒介和电子媒介为基本语言的艺术，新媒体艺术是建立在以数字技术为核心的基础上的。所以在很多装置作品中，艺术家借用新媒体创作。装置创作不仅借用传统的录像影视等媒介的使用，还扩展到媒体的多样性，如数字杂志、数字报纸、数字广播、手机短信、移动电视、网络、桌面视窗、数字电视、数字电影、触摸媒体等。新媒体被形象地称为"第五媒体"。

　　新媒体的出现给装置艺术提供了更加广泛的空间，创作题材也更加广阔。环境保护、世界和平、多元文化、种族矛盾等热点题材表现得更加完全彻底（图1-18、图1-19）

图1-18 作品名称：Cubozoa-l-09，与新媒体结合的装置艺术作品

图1-19 影像装置作品的出现为艺术提供了更广阔的空间

图 1-20 装置艺术作品局部

此件装置艺术作品通过人与机械的互动共同完成。不同的人走到机械投影仪器前，投影机对面的大屏幕上便映射出人的图像。不同的人在投影装置前的出现使大屏幕上出现的影像产生变化。出现在大屏幕上的观众影像是经过处理的，随着展览的开始，这件装置艺术作品仿佛像"活"了似的，每天都诉说着不同的"故事"

图 1-21 作品的局部，摄入与观者互动

第二节 装置艺术面貌

装置艺术是建立在三度空间环境中产生的互为关系的艺术，它与环境艺术不同的是不像环艺那样设计是为观者服务的，它主要是根据艺术家或策展人的意愿设计，把艺术创作建立在一个独立的空间里，自由地与其他艺术（绘画、雕塑、建筑、音乐、戏剧、诗歌、散文、电视、录音、摄影、录像、电影等）手段结合互动，不受固有的艺术门类的限制。

装置艺术还有一个特点是除了积极的思维和肢体语言外，还有感官的使用（视觉、听觉、触觉、嗅觉甚至味觉等因素），这些可利用的手段刺激感官产生一种情绪，使夸张、强化或异化作用于作品中。观众的介入和参与互动也是装置艺术创作不可分割的一部分，有时所创造的环境促使甚至迫使观众由被动观赏转换成主动感受也是常见的事，这也是创作的需要。另外，作品在展览期间重新改变组合，甚至在其他地方展览时也可再增减或重新组合，灵活地再创作也是装置艺术非常重要的一个特点（图 1-20~ 图 1-23）。

图 1-22 媒体互动装置艺术
作品

图 1-23 媒体互动装置艺术作品（局部）
作品借用媒体技术，将人的行为融入到作品中，使之产生互动。在文化多元的今天，单一的艺术构成形式已经不能带给观者满足，观者更需要的是多方的感知和刺激。所以科技的介入不仅使艺术创作进入一种更为"人性"的阶段，同时也满足了创作者想要进行艺术"诉说"的想法

一、多重性组合

装置艺术与其他艺术单一、固定、明确的模式相比，具有多重艺术种类组合的特征。所谓装置艺术的多重性不像其他艺术那样有固定的艺术模式或样式，它是一个非常广大、多样集合的艺术门类，固定模式不是它的艺术专利。由于装置艺术是建立在众多艺术门类和新媒体的多重集合，以及作品实物的非逻辑、非再现的展览或陈列，它们之间的张力构成了无穷大的观念的"排列组合"多重性意义的关系。同时，装置艺术还充分反映变化中的多重意义复杂观念的世界，因为装置艺术不同于其他艺术的静，而是"静止"的物品多重组合自然产生的矛盾，这些矛盾存在于空间环境和社会，处于永恒的运动中，所以它们本身的意义不会静止不变（图1-24、图1-25）。

图1-24 作品名称 The journey of circulation

图1-25 作品局部，这组装置作品具有多重性

二、内涵与扩张

当下各种艺术的发展，都在受单一或多种复合观念的影响，不仅受外来的影响，还在接受自身发展经验积累的左右，呈现出明显向外扩张的迹象。艺术越来越不安分守己，打破其艺术本身固有的模式，接纳新的或其他艺术的结合是艺术发展的常事。而装置艺术的历史起源于现代，它没有像其他艺术那样长时间接受传统因素固化的影响，更多地接受现代众多因素。所以它接纳现代的东西，向外扩张的现象对于它的艺术的本性就不显奇怪。装置艺术更

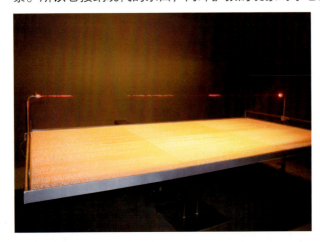

易接纳、包容、敞开胸怀与其他艺术门类进行交流与融合。其艺术的外表与内涵日渐扩张膨胀，从内容关注、材料选择、文化指向、艺术位阶、价值定位、情感流向、操作方法等方面都超出其他艺术限定的范围，向更广泛的艺术范围扩张，呈现出多元繁复的状态（图1-26~图1-29）。

图1-26 作品名称：The Bachelor's Bed

图1-27 The Bachelor's Bed 作品的局部及过程演示
此作品把机械方面的激光喷雾和换气装置融入到其中，激光的闪动之后，由板子中间的一排小孔冒出缕缕烟雾，越来越浓稠的烟雾喷射到激光上，若隐若现，好似在梦境之中。此作品乍看之下，像是一件科技品或者某个机械装置，孤独、阴冷、诡异。创作者也许正是想通过这种"非艺术"的"方法"对当代艺术进行反思

图1-28 作 品 名 称：The Farmers and The Helicopters，通过飞机实物的介入来表现作品的内涵

图 1-29 作品视频截图，作品把特定物放置在展厅，加上摄像的参与，给人一种遐想扩张的感觉

三、艺术概貌

装置艺术首先是建立在室内或者室外的三度空间"环境"中，观者置身其中。创作者用包容观者的心态，创造一个界定的空间环境促使观者由被动观赏转换成主动感受，同时想方设法动用各种手段来调动观者的思维和肢体介入，也包括他们感官中的视觉、听觉、触觉、嗅觉，甚至味觉。

装置艺术是根据特定展览地点、空间，由艺术家做艺术整体设计与创作，为完成装置艺术作品整体的特性，视觉、听觉等不受其他作品的干扰，建立在独立的空间中。

人们生活经验是装置艺术创作的重要来源，观众的参与是不可缺少的。同时通过那些刺激感官中的夸张、强化、变异来改变观者的习性思维。装置艺术创作十分灵活，其他艺术都是可借鉴或使用的手段。综合性与开放是它的特征；装置艺术基本上是个短期展览，一般不做收藏。艺术家在展览会上可对作品实施改动，增减或重新组合，重新在异地展览更是常事，所以有人说它是增减艺术（图 1-30）。

图 1-30 作品名称：Shira-Spirit from the Wild，作品为艺术家在特定的地点与空间的整体设计与创作

项目实训

一、 如何叩开装置艺术的大门，直观地面对，感官地认知？

要求：论文说明。

二、 "场地 + 材料 + 情感"创作。

要求：1. 选择对象；2. 制作方案；3. 制作作品，并写出作品整个的制作过程。

第二章 装置艺术视域

本章引言

　　装置艺术的设计从宏观上来看不应局限在对作品具体的某个形式的探究，而在于作品观念艺术或更广阔的艺术领域的研究。

　　本章通过对装置艺术的这种视觉表现属性的分析研究，为后续课程更为深入的研究打下基础。

本章重点

　　把握装置艺术媒介的广阔性与表现状态的多样化。

本章难点

　　媒介的选择与观念的物象化。

建议课时

　　10 课时。

图 2-1 作品名称：魔术师

　　装置艺术的设计从宏观上来看不应局限在对作品具体的某个形式的探究，而在于作品观念艺术或更广阔的艺术领域的研究。观念的视域，其本质是智慧、思维的慧悟，是研究事物的本质，探究根源。所以，观念的视域就要从生活积累出丰富的文化，包括个体、民族的群体、地域性的综合产出。这些繁丰的综合体，通过观念中含有对空间的微妙化、概念化、意象化的意图，给人以无限的思维启发，对人精神意识的提升作出贡献。更广阔的艺术领域研究就是在已有的艺术中通过重新的开发、扩大、变种、创新、建立等手段确立出更多艺术的表现形式与状态（图 2-1）。

图 2-2 作品名称：Observatory of the self 2.2

知识链接

杜尚设计的作品《泉》不是传统意义的绘制，而是直接挪用生活中现成实用产品展出，脱离原有便池的环境与功能，其目的是改变其功能，按作者的意图赋予它新的含义。

通过作品改变人们的表现思维，将"一般"性的生活物品作为作品的创作元素将"错位""挪用""拼装"等创作手段注入观念因子来暗示或启迪观者，通过探究"一般"性的实物引发对深层的人与自然、人与社会、人与人之间关系的合理衔接。

第一节 媒介广阔性

人们在生活实践中发现与创造出的智慧，使媒介产生出无限的充满着视觉张力的艺术魅力。人们不满足已有的传统创作媒介，新媒介种类层出不穷地出现，为艺术创作提供更丰满的使用媒介（图 2-2~ 图 2-4）。

图 2-3 作品运用影像与多个机械装置的帽子，还有一个可以开启也可以闭合的大铁球，给人以超越时空的另类视觉享受

图 2-4 作品局部

图2-5 媒介运用的多元化

图2-6 作品用厚纸版做型，粘贴而成

一、时代与媒介多元

媒介作为作品直接的表现是时代的产物，这就使得媒介提供或参与的艺术创作更加丰富与多元。媒介展示自身的性质与魅力或参与作品创作的机会也越来越多，这是时代赋予媒介参与作品创作的使命。

装置艺术是通过艺术家把非艺术的现成品（媒介材料）加工利用，进而创造出一个主体性的实在世界来实现的。装置艺术不同于其他的艺术媒介，特性媒介材料的使用为它的艺术表现提供了无限的创作空间，也就是说装置艺术的创作媒介具有多元化。装置艺术最重视媒介材料的潜在艺术表现力，重视其艺术表现与原有的生活意象之间的关联。媒介的多元化已经在艺术创作中占据非常重要的位置，它能使艺术走向丰富而不是单一，多元而不是孤陋寡闻（图2-5~图2-7）。

图2-7 艺术北京展览作品 该作品不仅运用特殊材料，还把灯光、视频等材料综合共同创作，把媒介材料演绎得有视觉活力

二、创意能动与公众视觉

装置艺术与其他艺术的本质区别是它更具艺术创作的活力，也就是艺术创作的能动。所谓的能动就是艺术创作的主动，主动的因数是装置本身的特性——比其他艺术更加不安分守己。一般的作品不可能像装置那样不守规矩，更不可能像装置那样把别人的作品或生活产品直接挪用。对于其他艺术形式这可是大逆不道。而装置发挥它的特性，寻求和利用新的表现媒介，传达作者的心智。其实就是在媒介的作用下，艺术创作能动过程的积累。

装置的发展，把艺术家和观众引入最重要的"媒介"形式，艺术家可以发挥想象把一切可以利用的媒介变为艺术，而观众根据装置作品视觉上可以产生无穷的联想。公众参与和互动成为装置表现的一种独特形式，从而也在不知不觉中提高公众的审美（图2-8~图2-10）。

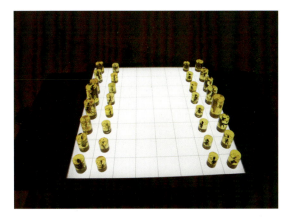

图2-8 作品名称：Amorphous Organic，艺术家发挥想象，通过媒介变成艺术

图2-9 作品名称：Partners，作品本身的视觉能动感引起观者的注意

图2-10 作品名称：Birds don't sing anymore，作品给观者营造一种"环境"，进而引起公众的心理反应。红色的房间里放置一些被破坏的环境照片，一只假的死猫，一些没有鸟的笼子，还有发出阵阵轰隆隆响声的工业用蓝色油桶，劝说人们重视生存环境和保护环境

第二节 表现模样

一、元素组合

任何一种创作都是由最基本的元素组合而成，装置也不例外。装置的创作和其他艺术形式一样都与表现的内容、想法、艺术形式、观念以及相关创作者的喜好、生活经历和偏好有关。选取这些方面的某个点位或多个点位，通过形态元素组合表现或达到创造者想要表现的目的。但装置不仅仅如此，它还有更值得我们探究的东西，那就是材料元素的组合。我们为什么要把材料元素作为装置创作研究的重点呢？这和装置的特性有关。装置艺术和其他艺术的不同点是它的创作离不开材料，材料是它艺术创作必须的元素。如果没有材料在装置中，这就不是装置，也不是它的特性。它就没有区别于其他艺术的魅力，无法带来强大的视觉冲击力（图2-11、图2-12）。

知识链接

随着艺术观念的不断开拓，艺术创作的材料范围也在不断扩大。一定的材料元素适于一定的元素造型组合，恰当材料元素的选择对于作品表现有着事半功倍的作用。艺术家一般是通过对材料的偏好，对其性能的熟悉以及要表现的艺术形式和所要表达的艺术观念进行选用。

材料元素也由传统的布、纸、木、石、陶、漆、木板等拓展到金属、蜡、火药、化学物品、电脑影像以及任意的现成品等。艺术形式也因此模糊了明显的界线。所以，从实际出发加以选择、利用，发挥材料元素与特定造型相适应的质地特性和表现力，因材施艺，展现其艺术价值。为探索视觉艺术中的新型材料，也就是新元素，提供了新的出发点。

图2-11 以照片作为材料的装置艺术作品

图 2-12 装置艺术作品的各个局部，作品没有被安置在光州双年展展馆里面，而是安置在展馆外面。装置艺术作品最重要的一点就是要考虑环境，选择环境进行材料的组合对作品本身有着相当重要的意义。有的时候一件装置作品，因为场地的关系，可能在这个地方是以这种样貌出现，在别的地方又以另一种样貌呈现出来

二、视觉多样化

在装置作品设计中视觉的多样性是非常的重要。一件作品不需要夸夸其谈的直接说教，通过作品本身视觉语言的变化，面貌的多样，花样的繁多，造成视觉吸引。人们不需要触摸，视觉的感观就能得到作品想要表达的意图，自觉与不自觉地就能参与对话，通过对作品的理解，反思作品传达给观者提出的问题。同时缓解人们与作品对话中的视觉疲劳。信息社会，每天传达给人的视觉信息很多，很容易产生视觉上的疲劳，艺术作品也不例外。作品创作者辛辛苦苦，观者却不屑一顾，这说明我们的艺术创作已经进入视觉的疲劳期。鉴于此，创作的视觉多样就显得十分重要。而装置的视觉多样，如观念的刺激、媒介的多样、手段的翻新、表现的另类、公众的参与出其不意，使得它有种"招摇过市"的视觉冲击感。再加上视觉的多样性来体现创作的应采用作品视觉中实物的时间性、过程性、偶发性、空间环境性，材料的选择与使用过程、空间中作品展示及观者的反映都作为作品创作的视觉，通过这些宽阔的视域，设计出人与自然、社会的关联与偶发结合出现的视觉形象，帮助人们理解作品，或观者以更大更广阔的设计视域诠释作品（图 2-13~ 图 2-17）。

图 2-13 装置艺术作品中墙面与地面，不同形态的组合，意在表现多样

图 2-14 用多种形态组合表现的装置艺术作品

图 2-15 作品名称：Visible World

装置艺术伴随着当代艺术的迅猛发展，视觉多样性中的前卫性、实验性、观念性甚至是荒谬性都愈发凸显，人们的艺术创作逐渐抛弃了百年来在艺术领域中占据主导地位的架上艺术，更加有表现力或视觉冲击力的装置，也使得装置的视觉多样性成为越来越多的艺术家们创作的主要手段。装置艺术虽然仍然和其他艺术门类有着千丝万缕的亲缘关系，但它俨然成为了一种新的视觉，在此基础上游离出传统的艺术关系，它的开放性、游离性、模糊性的视觉形式概念，决定了我们能在运动、发展和变化中来认识它、研究它。它或许显示了人类艺术活动的本质，那就是满足人类的精神需要，满足人类表达和交流的基本需要，并作为人类自我探索的手段

图 2-16 装置艺术作品，作品的外圈是一些白色的架子，架子上放置着小音箱。中间是一个类似于桌子的台子，上面摆满了一些植物。植物散发的香草味道扑面而来，美妙的音乐萦绕在耳畔

图 2-17 作品名称：熔断，表现视觉的多样性

三、材料媒介

材料媒介在装置艺术创作中已经越来越被艺术家所看重，媒介的使用也越来越广泛。创作的灵感大多是在材料的促使下产生的，打破了以往的创作先有主题后有材料的习惯，材料由过去的后台被动变为前台主动使用。艺术家在使用现代艺术媒介的过程中，种类与表现方式随着创作经验的提高逐渐得以完善与丰富。媒介使人们更广泛地探索使用新的形式和新的表现方法。直接把媒介作为创作的主题表现，这就为媒介作为创作的主题开发与综合运用提供了无限的发展空间。人们已经从媒介的使用中尝到甜头，认识到媒介、工艺上的使用和随意性因子会给艺术创作语言增添丰富可利用的机会，从而表达审美主体的复杂、微妙（图2-18~图2-21）。

图2-18 作品的局部，均用材料多重媒介的参与

图2-19 作品名称：偷窥症——日记偷窥，通过媒介与形态的组合表现作者的心智

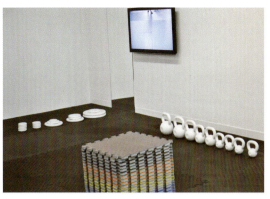

图 2-20 作品的里外面，作品从外面看是一个木制的大箱子，箱子里面却是一间糊了墙纸的屋子。大箱子的外面挂着一个视频影像，诉说着关于这间"房子"的故事

图 2-21 作者把能装水的桶通过锤击、变形后产生多种视觉形状，规律的组合，表现无拘无束，这给艺术家带来创作上的快感，但不失传统艺术那种深邃

项目实训

一、选择要表现的内容与形式创作。

要求：1. 选择对象；2. 制作作品。

二、选择媒介，扩大视野转换进行创作。

要求：1. 选择对象；2. 制作方案；3. 制作作品，并写出作品整个的制作过程。

第三章 装置艺术公众性

本章引言

艺术本身其实是一种工具，这种工具与观念有直接的关系。不管艺术家是有意识还是无意识，艺术本身就有传达观点的倾向。

本章是通过对装置艺术的公众性属性进行分析讲解，让学生得到直观的面对、感官的认知。为后续课程更为深入的研究打下基础。

本章重点

如何理解装置艺术的公众性。

本章难点

怎样通过作品表达公众性。

建议课时

10课时。

图3-1 作品名称：Black Atomic Hybrid Space

装置艺术的公众性泛指公众的权利与公众的意愿，公众关注社会（作品反映的社会问题）并参与其中。比如，某个地区或环境中产生的社会问题或公众舆论关注的态度。它包括公众在艺术产生过程中或作品形成时公共空间方案的形成、艺术表现形式、文化内涵关注或参与。通过评估（对人文环境及生态环境的影响）、程序（方案或创作的过程）、实施（装置的推广）、评价（社会影响力），直接或间接地参入影响着创作者的心态，影响着作品的产出。通过这些过程对作者或有导向意义的策划人或执行者面对社会的问题及涉及的公共精神、环境品质、生态关系、公民素养及审美文化取向等方面进行面对面地审视和讨论（图3-1、图3-2）。

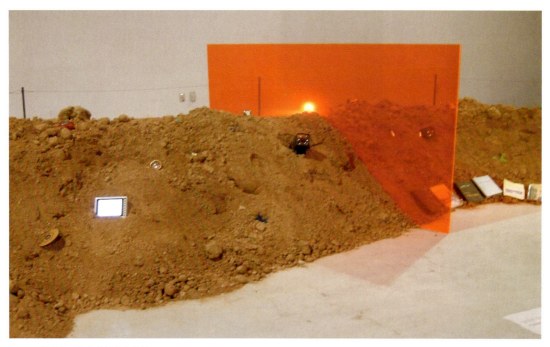

图 3-2 带有暗示性的装置艺术作品

第一节 公众与观念

　　艺术本身其实是一种工具,这种工具与观念有直接的关系,不管艺术家是有意识还是无意识的,艺术本身就有传达观点的倾向,或被某个观念的倾向所利用。美国当代批评家露西·里帕特曾说过:"众所周知,所有艺术都是观念的反映,不管艺术家是有意识的还是无意识的,艺术不被右翼利用便被左翼利用。无中立可言。"批评家依格勒腾在艺术评论中对当代艺术评价时说:"不模仿世界,那它就是要说明或改造世界。"不言而喻,艺术与观念密不可分。我们生活在社会的现实中,而艺术中的倾向是对现实社会的反映。艺术创作势必要反映对社会或生活的看法。艺术家格麦·潘纳更对艺术的政治表现更加敏感,他说: "我们社会在一种危机的状态中,我们的生活像被卷入百慕大三角洲一样凶险,艾滋病、经济衰退、战争、暴力……"因此,艺术家或艺术创作者都是政治的敏感者(图 3-3)。

图 3-3 作品名称:移动干涉部队

装置艺术中研究装置与观念的关联，与其他艺术相比显得尤为明显。它关注政治与社会的关系，关注人的生存状况。因此，其表现的题材大都是东西方文化的对抗，战争残酷与无奈，社会矛盾中的抢劫、凶杀、暴力，女权中的抗衡、性别矛盾、家庭暴力、强奸犯罪，日趋破坏的环境与环境保护，人权，世界文化融合等。这些政治问题与装置的关联不言而喻。当然，这些观念性创作，最终的目的都是与社会元素的组合——与公众有关，是公众心态的表述与呐喊，只不过是通过艺术家表现罢了（图3-4~图3-9）。

图3-4 作品表现一种不该有的暴力

图3-5 作品名称：9/12 FrontPage

作品是"911"事件发生后，9月12日当天各个国家对"911"事件的新闻报道。艺术家收集了151个国家的新闻报纸，并排粘贴在一起。作品反映社会公众的态度

图3-6 装置作品具有非常敏感的色彩感，反映的是战争的场景，透射的是
人民渴望世界和平的声音

图3-7 作品名称：空中花园，用巨大的旅
行袋装满土壤和花草，堆放在顶层的展厅。
作者称其灵感来自于古巴比伦的空中花
园，"移植"是她一直采用的方法，呼吁
人们保护自然

图3-8 作品是保护生态自然的主题。用钢筋焊接一条巨大的鱼形骨架。鱼形骨架里面塞满了工业废品。墙上贴满了关于环保事件的照片，一个人形剪影的板子上播放着关于环保人士的影片

图3-9 市场里面的艺术家个人装置艺术作品。艺术家把自己租赁的"铺位"装扮成一个"儿童之家"。来参观的大人和孩子可以进入到"儿童之家"休息和玩耍。整个作品的立意在于营造一种"情景和空间"，由公众的介入帮助完成此作品

第二节 大众服务与人性张扬

社会是个集结体，它需要各个方面因素的组合。政治观念也是社会中人的需求，为张扬人的本性服务。社会需求其实就是人的需求，艺术要为公众服务。多个国家都设有国家艺术基金会。这个基金会资助艺术家（当代）创作，但这个资金的提供不是简单地给予，它是有标准的。其条件除了继承传统、富于创新、倡导多种文化外，还重点提出为公众服务，强调公众的参与。通过这些标准不难看出艺术是为社会服务、为公众服务的。由于艺术为大众服务，政府资助的当代的装置艺术创作有社会的意图与明显的政治倾向，当然这种倾向是大众中突出的事件，通过装置的形式来述求大众的意愿，其实是将人性的东西通过艺术家的创作张扬出去（图3-10～图3-22）。

知识链接

国内外有文化艺术基金为艺术家提供创作经费，另外也给很多大型的展览提供资金上的援助。艺术家可以以个人形式提出申请，也可以以团体的形式提出申请。比如，韩国光州双年展和釜山双年展的举办都有文化艺术基金的支持。伴随着两年一届的光州双年展的举办，大人市场艺术家艺术品创作项目作为两年一届的光州双年展的副线展览也得到了文化艺术基金的支持，申请的艺术家得到资金的支持，租赁大人市场商家的铺位作为展览空间在双年展期间进行艺术创作。这些创作多以现代艺术为主，特别是装置艺术。

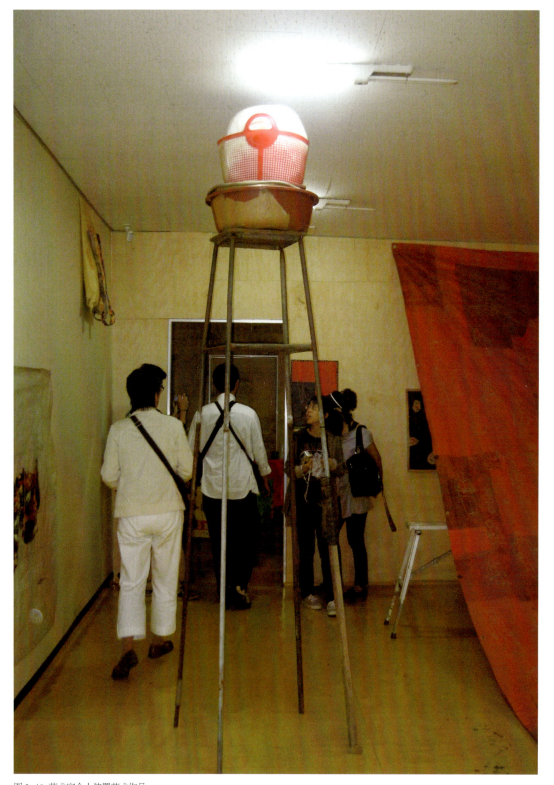

图 3-10 艺术家个人装置艺术作品

这件装置艺术作品是在韩国光州市的大人市场内的租借商人的"铺位",在"铺位"中进行作品展示。这位韩国艺术家主要是买来市场内的一些杂物,进行艺术加工、再创作,映射市场市民的生存状态和价值取向

图 3-11 这是韩国光州市内的一所综合贸易市场——大人市场。照片中的景象是市场内的环境。左边是一些商铺，右边的铺位被改造成了艺术家工作室、装置艺术品的展示空间

图 3-12 光州市大人市场里面的艺术家个人艺术品展示空间

知识链接

在美国休斯顿有个破败的贫民区，1993 年，在艺术家勒克娄尔的带领下，一群艺术家决心把 22 座废弃公房区作为装置艺术媒介重新复兴，把 7 座变成装置艺术的展厅，其余 7 座翻新成单亲家庭住房，余下的 8 座为画廊或教室社会活动中心。这个棚户区是政府城市发展部出资赞助的。从 1994 年起，每两年一次，每次邀请 7 位活跃在装置艺术上的艺术家来社区里的 7 座专门的装置艺术创作工作室创作或展出，吸引了大批国际知名的艺术家前来，也吸引了国际知名的策划人组织策划展览活动。这些艺术家的创作尊重社区的历史，保护老建筑的历史风貌，以收集来的历史史实、老照片、家具照片或一些口头回忆作为素材进行创作。不难看出这个艺术活动的过程具有鲜明的社会性。

图 3-13 光州市大人市场里面的艺术家个人艺术品展示空间

图 3-14 艺术家个人租借的工作室及艺术品展示空间

图3-15 艺术家个人艺术品展示空间内部环境（局部）

图3-16 艺术家在自己的作品展示空间内创作

图3-17 艺术家作品展示空间内部环境

这件作品利用艺术基金会提供的资金创作，艺术家选择人口流动性非常大的市场作为创作场地。把艺术家要表达的意图通过装置作品表达出来，其目的是与公众互动，强调公众的重要性

图3-18 艺术家把作品放置在市场商店门前，便于艺术家与公众交流

图3-19 艺术家个人艺术品展示空间里面的装置艺术作品

图3-20 艺术家个人艺术品展示空间内部环境

在大人市场内，可以看到艺术家们经常和市场内的商人还有顾客进行交谈。通过交谈，艺术家们发掘公众需求，进而通过装置艺术的形式给市场"改头换面"。其反映民众心声，唤起社会对平民百姓的关注，以及在现当代社会中对于大型超市逐渐取代旧型市场问题的思考，即关于旧型市场文化的改建和保留问题的反思。这些艺术家们真正做到了艺术为社会服务、为公众服务

图 3-21 光州市大人市场内一角摆放着艺术家的作品。这个作品就是摊贩卖东西的摊体，通过这种方式关注普通百姓的心声

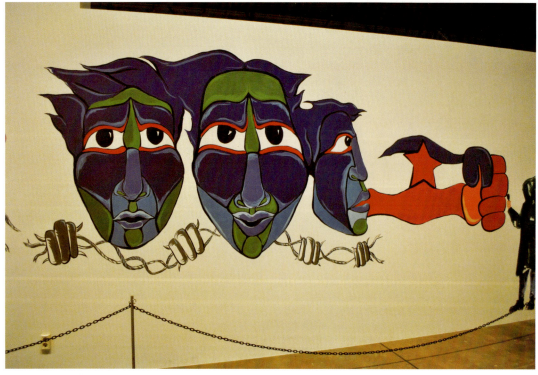

图 3-22 市场环境内反映民生、张扬民众个性的作品

第三节 各领域的衔接

各领域的衔接，一是在艺术的层面，比如艺术门类间的衔接和借用，能充分地把艺术的种类利用与发挥到一种创作极致。另二种，由于装置艺术是个非常发散的艺术，所谓的发散，不仅在艺术层面的发散，更重要的是借用思维、观念的发散，也就是充分的创作空间。与其他艺术相比，其可利用的空间更加宽阔，衔接的点位更加丰厚，创作的想法更加多元。其实，装置就是一个与各个领域内的组合体与汇集体。其不是一个单纯的创作源，而是汇集多元的思维和可利用的多元媒介体的扩张（图3-23、图3-24）。

图3-23 作品名称：ULTRA-Black Sun，表现与各领域的衔接

图3-24 作品名称：Organic Concept:Expanding from car，被安置在釜山快艇赛场旁的电影拍摄棚内

图3-25 釜山快艇赛场

项目实训

一、 公众性研究。

要求：1. 选择对象；2. 制作作品；3. 论文。

第四章 装置艺术参与集合

本章引言

　　在装置艺术的创作过程中，不管是主观的主动或是客观的被动、有意识或无意识，公众都已经进入装置审美或是参与社会集合意识的状态。

　　本章通过对装置艺术参与集合的详细说明，让学生更深入理解装置艺术的特性，为后续课程更为深入的研究打下基础。

本章重点

　　什么是装置艺术的参与和集合，怎么理解装置艺术的参与与集合。

本章难点

　　如何运用装置艺术的参与和集合到作品创作中。

建议课时

　　10 课时。

图 4-1 参与集合装置作品

　　在装置艺术的创作过程中，不管是主观的主动或是客观的被动、有意识或无意识，公众都已经进入装置审美或是参与社会集合意识的状态。各种媒体如新闻报道、实时转播、网络信息、数字电话、电视影像、各类电子传媒等，媒体的时代无时无刻不在影响着你，把你带进一个信息的时刻，参与或集合的状态。地球发生的同一件事情不管你是有意识或无意识，都会对他做出反应、评价或是参与。加拿大学者麦克卢翰说过，"我们的时代是急切的时代，因为电子新闻信息的刺激，要求的是接受和参与，至于'观点'，无关紧要"（图 4-1~ 图 4-3）。

图 4-2 装置艺术作品局部，反映观众评价参与的状态

图 4-3 观众与作品互动的装置作品，这件 2004 年韩国光州双年展的作品展现的是一个书房，书房里面有很多很多的书籍、钟表、打字机、提包、老式电话、喝茶的杯子，还有书桌和椅子。新奇的是，书房里所有这些东西都不是外面能买到的现成品而是艺术家自己用纸糊的实物复制品，仿真度极高，还很结实。书房里物品由于制作的时间差异，有的泛黄，斑斑驳驳。整体的白色中泛黄的色彩基调营造出了梦境中的理想书房

第一节 参与

参与是把观者引入装置创作活动中共同创作。把观者直接从创作中引导到对意识形态的反思，引发人们对作品反映的内容、观点的思考。

参与有两种形式，一种是观众的个体参与，不仅是观者的直接身临其境，还要身体力行。也就是观众的个体亲临作品，动手创作体验感悟。另一种是观众的集体参与。意义不仅在于参与作品活动，体验艺术创作中传达出的快感，在某种意义上是观众直接参与抒发观点与诉求，甚至成为社会政治活动的筹码（图4-4~图4-6）。

图4-4 该作品被安置在光州双年展展馆里面的最后一个展厅中。各种各样的自行车随意放置在展厅内。随着展览开幕，参观展览的人来到最后一个展厅，首先是一些小孩子和年轻人被吸引，他们开始挑选自己喜爱的车子，在展馆内玩耍起来。这件作品通过吸引观者，进而诱发观者参与到作品中，帮助艺术家完成创意

图4-5 影像与实物结合装置艺术作品，这件作品是由影像与观众的参与共同完成。展厅地上随意堆放的两堆鹅卵石。鹅卵石的外圈用白色荧光线勾画出来。一束绿光和一束红光分别投射在两堆鹅卵石上。观者们走进两堆鹅卵石的中间，即可在对面墙壁上挂着的液晶电视中看到自己。观者来来往往，由于观者的参与作品也随之改变。

图4-6 将一些不锈钢的台球案子被放置在光州双年展展馆前的空地上，前来观看展览的游客们可以用艺术家提供的乒乓球拍在这些发亮的台子上打球玩耍，由于观者的介入赋予了作品勃勃生机

一、科技信息的参与

装置艺术的发展越发离不开科技的参与，利用科技的手段创作是装置的一大特点。在现代的大型展览中，如传统的媒介包括电影、电视、录像投影仪等，通过这些表现的手段参与，装置艺术扩大创作的领地。随着时间的推移，装置创作不仅借用传统的录像、影视等媒介，更扩展到媒体的多样性，如数字电视、数字电影、数字杂志、数字报纸、数字广播、手机短信、移动电视、网络、桌面视窗、触摸媒体等"第五媒体"。这些高科技媒介的参与使得信息发生了前所未有的变化，穿越了时间、空间、地域、国界文化的视觉信息，把人与人、地域与地域缩短到零距离，交流的空间却放大到无限，同时把创作的参与提高到一种视觉幻觉空间状态，把实实在在的地球表面无限地延伸到宇宙空间（图4-7~图4-16）。

图4-7 用科技手断表现的装置艺术作品
展厅内放置了一台机器，它能制作一种韩国的米饼，展厅中央堆积如山的黄色薄饼就是出自这台机器。随着每半分钟的一声巨响，一个新出炉的米饼就弹射出来，室内充满食品的香气。与之形成对比的是墙上巨型的机器运转的影象，这些影象就是那台米饼机的不同局部被放大投射到墙上

图 4-8 地上图案与实物上图案的相同是利用科技手段达到的   图 4-9 利用科技手段把文字照射在地上

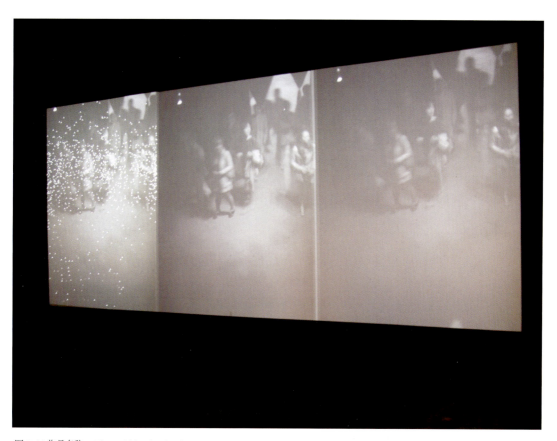

图 4-10 作品名称：Three-fold Delayed Infrared Room

这件装置作品主要运用媒介的影像与观者互动。在一间漆黑的大房间里，只有一面大的投影墙。这面大的投影墙由三个独立的投影墙组合拼接而成。当观者走进这间"房间"后，发现自己的影像出现在这面大的影墙上，并且是在组合成大影墙的三个独立影墙上同时出现。经由这三面独立的影墙呈现出来的图像略作修饰，左边的影墙出现一些斑点，中间的影墙维持原状，右边的影墙上出现的影像被作模糊处理。随着观者陆陆续续地走进来，在房间内的活动状态都被投射在这面大影墙上。这件作品不像其他的作品在展览期间"维持不变"，而是把四维空间的"时间性"导入作品创作，强调作品的"记录性"

图 4-11 装置艺术作品

图 4-12 作品名称：Clay，通过灯光照射表现作品主题，充满神秘感

图 4-13 利用电视表现的装置艺术作品

图 4-14 儿童照片与影像结合

图 4-15 绘画与影像结合

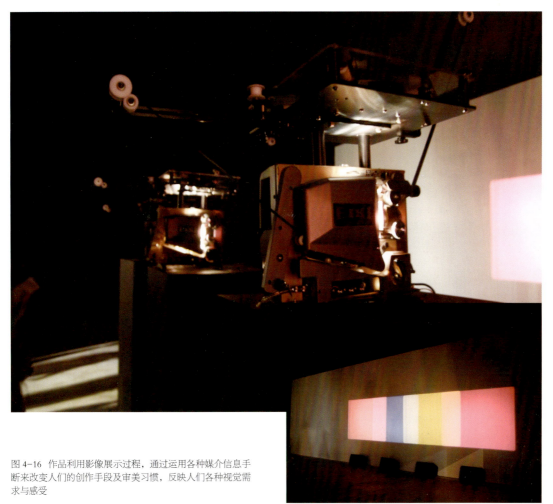

图 4-16 作品利用影像展示过程，通过运用各种媒介信息手段来改变人们的创作手段及审美习惯，反映人们各种视觉需求与感受

二、商业行为的参与

商业参与艺术在当今的社会中是一种必然，任何一种艺术都有其商机，装置艺术也不例外。比如装置艺术具有前卫性的新奇与怪异，吸引人们的眼球，而且它的灵活性、机动性、临时性，更容易赢得商家的青睐。不少商家利用装置艺术特性，在商业营销上赢得更多的买家（图4-17、图4-18）。

图4-17 把商品直接搬到展厅的装置艺术作品，光州双年展（2012年）

图4-18 轿车绘画，将装置作品与商机结合

第二节 集合

　　集合就是集合各种可以为创作而用的手段，利用这些手段为装置艺术的表达提供可利用的空间（图4-19）。

图4-19 把不同形式、内容组合放置在一个环境中的装置艺术作品

一、艺术集合

从艺术的角度，也就是利用艺术多重性的特点，将装置艺术的创作集合到更广阔的创作空间，使装置艺术更有别于其他艺术（图 4-20~ 图 4-24）。

图 4-20 作品将不同的艺术手段或艺术形式内容集合到装置作品的创作中，再造视觉的新视野

图 4-21 作品名称：Move 36

图 4-22 作品名称：Metamorphosis

图 4-23 作品集合

图 4-24 作品从不同角度运用艺术手段表现作品主题，观者与作品产生共鸣，达到艺术与形式的有机结合

二、设计集合

装置艺术的集合很大一部分是受设计的影响，设计语言不可能不在装置艺术的创作中产生作用。设计语言本身就有创作的外延性，其创作语言极其丰厚，思维也十分活跃，这符合装置艺术创作逻辑性与思维，扩大了装置艺术的创作语言（图4-25～图4-30）。

图4-25 这两件作品是北京商店的一角，表现当代社会人们对消费与时尚的理解，用发现、借用的手段，把艺术设计的观点传达给大众

图4-26 作品名称：转变意志和物质

图4-27 作品名称：教室内的装置。现实的场景，作为装置可以固定在人们的视野里

图 4-28 把建筑与装饰加入装置艺术作品

图 4-29 运用设计媒介电脑的装置艺术作品

图 4-30 把设计的印刷作品拆解后用于装置，将设计元素充分融入创作，把老旧建筑、电脑与书籍卡片重新设计，扩大了装置创作语言的表现范围

三、环境空间集合

装置艺术的构成与环境是分不开的，其他艺术对环境的要求并不是很高，而装置对于环境要求十分重要。不管是在展览馆里还是在室外的空间，都离不开与环境集合，需要与环境的沟通与融合。因为装置在某种程度上是空间的产物，它需要与空间共存，需要空间的参与。装置有两种存在方式，一种是展览，另一种是与空间实物组合。这就不难看出，空间参与装置的创作与集合就显得十分必要，没有空间就没有装置的位置，装置也就无法生存。另外，空间环境参与创作也为装置艺术的创作提供了无限的创作泉源。因此在创作中要顾忌环境对作品的影响，考虑环境与装置的互动（集合）关系（图4-31 ~图4-37）。

图4-31 作品利用空间集合，在视觉感观上作品构件占有了空间，具有明鲜的空间感，空间与作品有互动之感

图4-32 作品利用一个狭长的空间，给进入其中的观者造成某种莫名的压迫感，使观者不得不近距离感受对面墙壁上的画作。另外，作品的作者有意在另一面墙壁设置了一个可供观者休息的台子，可让观者面对画作反复地冥想。有的观者驻足冥想，有的观者在画作前匆匆而过，两者形成对比。巧妙利用空间环境，把观者的"态度""行为"也预算到作品中，使作品充满"诉说力"

图4-33 作品利用光州双年展展馆前的空间制作一些颜色与形态各异的台子，随意散放在空地上。参观的游客们在欣赏这件大型装置作品的同时，也可以驻足休息。作品就是利用这种大的展示空间，使作品在数量和规模上达到一种震撼的效果，同时也满足观者休息的诉求

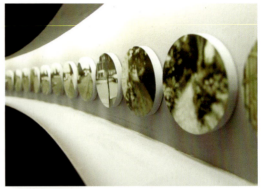

图4-34 这件作品，巧妙地采用了一个环形空间把一件件小的绘画作品嵌在其中，并投射照明灯。远远望去，环形空间的整体是一个黑色的密室，只在嵌有绘画作品的部分形成一条亮线。而"亮线"的作用更加突出了嵌在其中的作品，而且也形成了二重"空间"。增加了画作的体量，也增加了观者想深入探究画作的心理。所以这种利用环境空间给作品"造势"的方式，在装置中是非常需要的一种手段

图4-36 作品名称：直指——做梦新千年

图4-35 作品名称：The Nearest Air
作品是利用空间环境参与装置集合的范例。空间和环境本身就是作者要表现的，作品把空间上升到主体"材料"，那么怎么样来表现"空间"呢？作者很巧妙地利用了一些线，来对"空间"进行分割，从而强调了空间的重要性

第三节 触摸

触摸，就是近距离地与装置作品接触。我们生活中都积累了一些体验，体验不同对事物的感觉也不同。比如用眼看东西，或用手亲自去触摸东西的感觉是不同。这里说的触摸实际上就是对事物本质的触摸（图4-38）。

图4-37 作品名称：传统、现在、未来——老朋友

图 4-38 作品是在箱子上放置一摞报纸，这些报纸既可驻足观看又可由观者拿走互动，其目的是让观众近距离观看报纸上的内容，达到用品与观者内心的"触摸"

一、想法触摸

在创作中，想法是十分重要的，它就像人的灵魂一样，人没了灵魂就等于没有生命一样。所以我们在装置艺术创作中，对表现主题的想法要斟酌选择。恰当的语言表现十分重要，也就是要令其根究本质。这样创作出的作品才会有生命，才能在感动艺术家自己的同时感动观者，对社会产生积极的影响。另外创作中，不仅要停留在一个位置上思考，还要统管全局；不仅要在创作的主题、思想时有想法，而且在创作的手法、材料的选择、制作的工艺等都要有想法。只有认真地多与艺术本身或艺术之外的对创作有用的源体都汲取或为我所用，这样才能满足信息的汲取与消化，才能有创作的想法，真正地起到触摸的作用（图 4-39 ~ 图 4-41）。

图 4-39 "在墙壁上留下您的印记"是作者写在墙上的。在作品的现场放置了两台自助照相机，前来观看作品的人们可以用自助照相机拍照，然后把自己的照片贴在墙上，这是作者对生活的真实触摸

图 4-40 作品名称：Leave on the walls A photographic trace of your fleeting visit

图 4-41 作品名称：黑色的田野

艺术家耗费了三年的时间，制作了许许多多形态各异的植物。植物的大小近似真实的植物的尺寸，每个植物都非常精细。这些植物都在相同的一面染上鲜艳的颜色，而另一面全部染成黑色。这样从作品的一个方向看上去整个"田野"都像是被烧焦似的。而从另一个方向望去，整个"田野"又是焕然生机。这种极富戏剧性的"转变"，实现了观者对作品的"触摸"

二、制作触摸

触摸，是实实在在地对事物的研究。不是眼观的感觉，而是像用手去触摸东西那样实在的感觉。物体质感中有硬度、柔软、光滑、笨涩之感，只有亲自触摸，才会有体味。

在我们品味美食的时候，舌尖触感到食品上的时候就有甜酸或苦辣之感，与你闻到甜、酸、苦、辣差异相当大，这在感觉上有本质的区别。就像老人对孩子经常说的话"不养儿不知父母恩"是一样的，养儿后你才知做父母的不易和对父母的恩德。这就是在制作作品时，为什么要亲自制作触摸的缘故。

制作的触摸应有两点，一是面对作品应有亲和力，也就是对作品要投入感情，把它当作生命一样去看待，投入情感。这样才能真正地感悟到你需要触摸的感觉。二是要在制作的过程中从多方位角度去认真揣摩或实践，这种揣摩和实践才能促使你寻找到你真正需要触摸的感觉（图 4-42~ 图 4-51）。

图 4-42 作品名称：Hymne
作者创造了一个镜室，在镜室的天花板上悬挂了一些三角形的镜子。镜室有四个出口可以让观者进出，镜室的四面墙角放有四个小风扇，风扇吹出的风在室内形成一个小的气流，使天花板悬挂的镜子随气流晃动，发着阵阵响声。给进入这个镜室的观者造成一种心理上的"负担"，进而形成一种心理上的感觉触摸

图 4-43 作品名称：Metamorphosis
作品本身软制材料的特性，吸引观者去触摸，能给予人们揣摩和触摸的机会

图 4-44 作品名称：RAPUNZEL，作品用纺织品作为创作的材料很有触摸感

图 4-45 作品名称：CROW，作品中有多样味觉的感受

图 4-46 作品名称：Transmitted Heat
(Body Temperature)，作品中圆柱部
分有热量的感觉

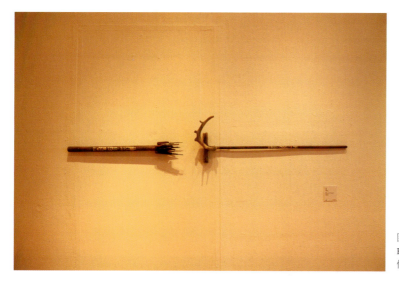

图 4-47 作品名称：
Elenfrentamiento(The Confrontation)，
作品中的两种不同形态很有视觉触感

4-48 作品中随意的泥点，表现创作
的主题

图 4-49 作品名称：进程
作品中四个大玻璃缸中盛的是浓度饱和的盐水，每缸盐水中浸泡着一件白色婚纱。随着时间的推移，水分蒸发，盐就凝结在婚纱上形成白色结晶。近处的婚纱刚刚放入，还是透明的，远处的婚纱是早些时候放进去的，颜色就浓些

图 4-50 作品名称：爱的尘埃
作品全部用白纸制作，多层纸雕刻或叠加在一起，利用光线表现出其空间，在一些角落和表面上有白色的尼龙线穿过

图 4-51 作品名称：Earth Baby，作品发光，能自转，有视觉穿透力

三、参与触摸

参与触摸要有积极主动的态度，建设性的、有头脑的、善变灵活的态度参与创作中，变被动参与为主动参与，将作品与环境、社会相融合。拿出先入主为的气势，参与就能真正调动积极态度参与创作，就会在一种状态中去参与创作活动，就会集合全面的才智参与创作，这样才能真正创作出需要或要表现的最本质的东西（图 4-52~ 图 4-59）。

图 4-52 装置艺术作品通过设置这个廊道，人经过的必经之路，到达参与触摸的状态

图 4-53 当人进入到这个作品的房间，四周墙面上的视屏不停地出现影像，使人目不暇接，由于多幅屏变动的图像刺激，人们不得不看，不得不加以思考

图 4-54 作品中的床，不仅可供观看又可就寝，提供触摸的条件

图 4-55 作品名称：Cielo Roto(Ripped Sky)，作品可看，可触，可摸

图 4-56 作品从外观上看是一个不规则形态的房子造型，钢架结构，透明玻璃镶嵌，给人心灵以清透、通灵之感，使观者想要近距离地去碰触它

图 4-57 作品名称：Untitled(Plastic Bags)，灯光的文字与前面的作品形成距离感

图 4-58 由图片组合的作品，图片可供人翻阅

图 4-59 作品名称：精子，作品使人联想到生命的延续

四、理想与现实触摸

理想与现实触摸要考虑理想与现实的距离，是理想与现实本质的东西。人人都有理想，有创作的梦想，但是这个理想一种是对未来的梦想，还有一种是对现实的梦想。也就是实实在在的愿望（图4-60~图4-65）。

图4-60 作品中可以转动的影像图片具有真实感

图4-61 作品名称：进化与理论，作品"诉说"了人类文明进化的历史。艺术家在作品的呈现上选取了一些能代表人类文明进程的具象"符号"，以极其写实的手法用铝板剪切出"形象"，这种技法有点像中国的"剪纸"艺术

图4-62 墙上有刺激发光文字，诉说着现实中的梦想

图 4-63 作品营造一种虚幻与浪漫的环境，使人产生幻觉梦境触感，好像身临其境

图 4-64 作品是动画作品，用一群活的石子模拟人的生活场景和社会活动，有在议会中，电影院和家庭生活等

图 4-65 作品名称：750 receptacles made of transparent glass,containing liquids in different hucs red
人的心脏 24 小时可以射出 7 千升的血液。以这个为基准。用不同形状的盛满红色液体的玻璃瓶子组合在一起。精准地再现人体一天 24 小时射出的血液流量

项目实训

一、参与与集合思考。

要求：1. 论文说明；2. 选择对象；3. 制作方案；4. 作品制作。

第五章 装置艺术拓展

本章引言

  本章通过对装置艺术内在观念和外在形式的进一步拓展，为创作思路的外延研究奠定基础。在装置艺术的创作时能发挥最大的主观能动性，同时为后续课程更为深入的研究打下基础。

本章重点

  在艺术创作的内在深度与外在形态上，打破传统规范与律约的边界。

本章难点

  如何突破惯常有限的单向对媒介的思维理解，突破惯性思维，实现观念外延。

建议课时

  10课时。

图 5-1 作品名称：Untitled

  在艺术活动中，想要更进一步地发展和进步，就要不断地创新开拓，装置艺术更需要这样。通过变通创作手段，使作品取得众目所瞩的突破。在内在深度与外在形态上，有意识打破传统规范与律约的边界，倾向于在载体上不断地扩张和自我解放，在繁复与驳杂中挤压出灵魂的碎片，在深远阔大的精神领地上独辟蹊径，对群芳竞妍的姊妹艺术中进行鲜活异彩的借用，寻觅创作的多种可能。这种移动的边界创作的开放性，在文学与美学中充分展开，实现资源共享与通识的广延，在新的审美价值坐标上找到自己的位置，昭示精神脉象与艺术拓展（图5-1、图5-2）。

图5-2 作品名称：临界的集合

作品的背景是一次原子能发电厂的事故，作品表现的是时间停止在事故发生的那一刻的现场。走廊里的图片是黑暗中爆炸发出的蓝光，屋内昏暗的灯光中七八台奇怪的机器阵阵作响。此作品以绝对工业化产物的"挪用"，打破传统审美情绪的迷恋，给我们展示了艺术家极富文学意向的精神哲学，通过对机械工业化的"迷恋"，拓展了装置艺术的美术价值与审美机制

第一节 不择手段

装置不同于其他艺术创作，可以选择与运用固定或单一的创作元素，它在创作中选择创作语言的方式是多种多样或不择手段的，只要为创作服务可采取"拿来主义"，有用就可采纳和利用，不受条条框框的限制，所以装置创作语言的选择非常广泛。就拿创作材料来说，现今只要对创作有利，都可以拿来作为创作的媒介。通过"不择手段"选来的创作元素，加上特有的魅力，再通过艺术家的艺术构想而升华为艺术性的话语，成为装置艺术人文精神与创造精神的载体。突破了人们惯常有限而单向对媒介思维的理解，导向更宽阔的媒介元素组合透出的创作话语（图5-3～图5-11）。

图5-3 用PC板加灯光材料做的貌似棺材模样的装置艺术作品

图5-5 用框架、纸土相加制造的装置艺术作品

图5-4 用印刷锌板腐蚀成像的装置艺术作品

图5-6 作品中两个画面被投射在如一本打开的书的L形墙面上，拍摄的是同一时间的一个集市和某图书馆，集市的熙熙攘攘和图书馆的冷清形成对照，作者试图转译文化在精英层面和大众层面的两难处境

图 5-7 纸浆材料创作的装置艺术作品

图 5-8 借各种材料创作，变不可能为可能

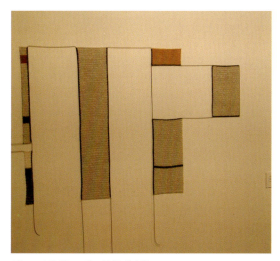

图 5-9 用纤维"不择手断"的创作

图 5-10 汽车拆解后拿来重组

图 5-11 把工地搬到展厅的装置艺术作品

第二节 观念外延

　　观念的外延应该是思想或看问题的方式或方法的外延，也就是创作的想法，不能局限于固有的思维，而应该扩延到固有思维以外。我们生活在信息社会里，信息媒体扩张，思维不可能不受波及，这就逼迫在视觉创作上，思维向外扩张，不想认真思考，不去反思都不可以。观念外延作为装置的创作是必要的，也是创作属性的必然（图 5-12~ 图 5-19）。

图 5-12 作品名称：离心力

作品把表演艺术融入到作品中。两个随意散放在地上的木制大箱子，用彩线绑着从天花板垂钓下来的冰块。然后，一名女艺术家身穿连身工作服走出来，开始推动两个木制大箱子。之后又分别从两个木制大箱子钻进钻出，把一个装有刨冰机的木制大箱子推到展示空间的一角。随着"砰"的一声，大块的冰块被粉碎成一块块……这件作品在创作的表现手法上做了实验性的延伸，即以一种更能触动观者全身感觉器官的新形式给观者以心灵上的震撼

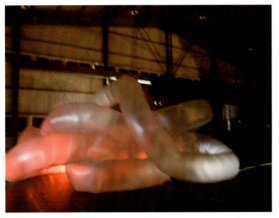

图 5-13 作品名称：Organic Concept: Expanding farom Car 湾

作品结合动力音响混合的机械装置，模仿了类似于某种海洋生物的"蠕动"状态，并发出"轰隆隆"的声响

图 5-14 作品名称：Parabiosis   图 5-15 作品名称：Zigeuner(Gypsy)

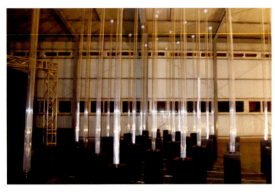

图5-16 作品名称：Air Song
作品是与机械装置结合的作品。一排排玻璃管安插在黑色的台子上，每个玻璃管中都放有一根白色的羽毛。每个管子中的羽毛很有节奏地从管子的底部上升到管子的中间，停顿一下，接着又很有节奏地上升到管子的顶部。如此反复，变换着方式，羽毛好似随着音乐起舞般，忽上忽下

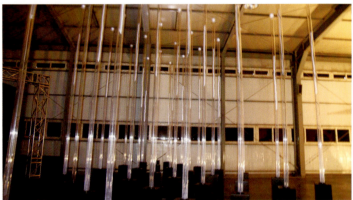

图5-17 作品名称:One Year Performance
April 11,1980–April 11,1981,（Punch the
Time Clock）1980–1981
作品采用多种表现元素相加，展示理念的
多重复杂关系

图5-18 几何图案绘画作品作者是一位精神病治疗医生，他给病人做干预治疗的时候，精神病人所绘制的图案。这位医生把这些治疗"过程"收集起来，给我们展示出了另类的艺术"态度"

图5-19 作品名称：Hostage Video Still
由视觉上的视频转换成的创作，塑料薄膜中有与天的对换呈现出虚与实的对应关系

项目实训

一、 如何拓展？

要求：1.选择对象；2.制作方案；3.制作作品，并写出作品整个的制作过程。

第六章 装置艺术创作课题

本章引言
　　本章通过学生的装置艺术创作实践教学环节，使学生能合理地运用装置艺术的特性，创作出别具匠心的艺术作品。

本章重点
　　认知艺术实践的过程。

本章难点
　　各种实践课题的设计与构想。

建议课时
　　10 课时。

图 6-1 作品名称：旋风，学生作品

　　装置艺术创作实践课程是装置艺术设计中的一个重要阶段性课程。我们在前几章重点在理性上对装置艺术的学习与理解进行了讲述，而不是单纯地就装置艺术本身的结构、空间、艺术形式和技法的学习。而本章课程在掌握理性知识内容外，重点把对装置艺术的理解转换成设计与创作与实践，将装置艺术课程内容的理论与实践融合，并在教学的各种实践中，实现装置艺术设计的能力和水平，完成教学的任务。本章节通过学生创作过程的具体案例来研究（图 6-1）。

装置艺术创作课题，以五个学生为一组共同完成一件装置艺术作品。首先，要确定创作主题。主题要以文字和图解的形式设计出初稿和老师进行沟通，确定作品立意，完成初步的作品形态设计。接着，根据构思出的作品形态，选择创作材料与进行可实施的作品材料可视化形态结构组合。在进行形态组合的同时，既要考虑作品立意和材料之间的关系，也要考虑最后呈现的作品形态与作品立意的关系，还要考虑制作工艺等问题。

作品案例一

作品名称：

"安"与"不安"（图6-2~图6-4）

作品材料：

钢棒、打磨机、透明气球、细鱼线、粗砂纸、石膏粉等。

材料说明：

（1）钢棒：表面光滑的钢棒，不仅给人一种冷峻之感，更给人一种紧张之感。

（2）打磨机：用于钢棒的打磨，将一根普通的钢棒制作成一根尖尖的钢针。

（3）透明气球：充足气体的气球同样给人一种紧张不安的感觉，好像稍微一碰，就会爆裂一般，透明的气球看上去更是脆弱，那么，当它们碰到泛着银光的钢针又会怎样呢？

（4）细鱼线：将钢针一个个高高吊起，不易察觉，感觉钢针随时会掉下。

（5）打磨：用于打磨钢针的表面，使它们看上去更加银光刺眼，冷峻非凡。

（6）石膏粉：将钢针一根根立在制作的石膏底盘上，石膏盘是三个四分之一圆和一个尖角组成的水滴状，有高有低。

创意理念：

这是小组成员在众多繁杂的装置艺术设计方案中，经过多次讨论后所确定的一个方案。用几个字概括制作想法，即"思维创造大胆"。

图6-2 作品材料

透明的气球看上去似乎只是一个简简单单的会爆裂的东西，而实际上，我们就是要用它来隐喻一直被人们所敏感的性产物——安全套。同样，安全套也暗示着自古以来人们对性文化的认识。那表面光滑的钢棒，不仅给人一种冷峻之感，更给人一种紧张之感，尤其是当一根普通的钢棒用打磨机制作成一根尖尖的钢针之时，内心的不安情绪油然而生。固定在石膏底盘上的钢针，高高低低，根根向上，银光冷峻，使人不寒而栗。透明的鱼线从上而下，垂于半空之中，随风飘动，随时有掉落的可能，更何况又垂上了一个个饱足气体的气球。稍不留神，即会线断球落，只听"砰"的一声，气球会因为钢针的尖利而爆的粉碎。

实际上，爆裂的不仅仅是一个个气球，而是本来平淡无奇的内心，由于冲破了性文化思想禁地的界限，而变得紧张与不安起来。是"安"还是"不安"，仅仅在于一念之间。这里所表现的是社会中对"性"所存在的态度，拷问整个社会。无可否认的是，在当今社会里，"性"依然是一个神圣不可侵犯的东西，神圣的态度甚至到了一种高度压抑的状态，我们希望可以通过这样的一组装置艺术作品细微地洞察到一些观者的内心世界——对当今性文化的"安"与"不安"。

图6-3 作品创意理念

图6-4 作品名称："安"与"不安"，学生作品

作品案例二

作品名称：

怀念绿色（图6-5、图6-6）

作品材料：

铁丝、鱼线、泡沫、报纸、毛线（白、黑、灰、紫等）、三合板、透明塑料皮、墨水等。

创意理念：

绿色离我们越来越远，灰色却悄然无声来到我们的身边。记忆中的绿色草地、葱郁的林荫，碧绿的湖水早已慢慢地消失。取而代之的是光秃的水泥地，高耸林立的街道，浑浊的河水，黑烟飘飘的烟囱。工业化越来越侵蚀我们的生活，我们也走进了灰色的时代。这就使我们更加向往大自然最初的颜色——绿色。

制作说明：

在材料的选择加工上把白泡沫、废报纸打底，将白泡沫和废报纸塑成大小不一的圆形。在这些圆形的基础上缠绕不同颜色的毛线，毛线的颜色以灰白黑和各种灰调为主，将这些毛线球用透明鱼线串联吊起，颜色由白色逐步过渡到黑色，象征着美好的自然被工业化逐渐侵蚀。

顶部由粗铁丝作为骨架，在原有的骨架上缠绕细铁丝，富有一定繁复之感，代表灰色的工业化的生硬的天空。然后将串联好的毛线球固定在骨架上，运用点线面的原理将其完成，具有一定的韵律美。

底部由三合板固定成框架，在框架上铺上透明塑料皮。在铺满塑料皮的框架内盛装一层黑色的墨水，象征着被工业化废水污染的河水及水面上漂流的杂质。将垂下的毛线球错落有致地放在墨水上。

图 6-6 作品名称：怀念绿色，学生作品

作品案例三

作品名称：

脸（图 6-7、图 6-8）

作品材料：

大小面具、麻绳、丝网袜、木框、漆等。

创意理念：

在人类社会进程中，随着科技进步，社会的发展，人们生活水平提高了，但是压力也提高了，人也变得复杂了。这个社会人们为了生存去竞争，每天将真实的自己包裹起来，每天看到的都是一张张冷漠、生疏、毫无表情、没有任何感情色彩的脸。最终决定做作品《脸》。

制作说明：

首先将买回来的面具进行再加工，在大面具上画上丰富的色彩，套在丝网袜里，深刻地体现了纠结、复杂的内心世界，但他们将这些都潜藏起来了，外人看起来好像雾里花水中月一

图 6-5 作品制作说明

般捉摸不清。又将小面具画上丰富的人物表情，有的脸像小丑，有的像慈善的老人，表达即便这样也有少数的人没有隐藏自己，成了人们心中或小丑或慈爱的形象，他们究竟是被社会认可，还是唾弃呢？这是一个值得人们深思的问题。最后将画框与面具结合，有间次地摆放在楼梯台阶上，既表现年代推移的感觉，工业社会进程阶段人们的现状，同时画框更使作品显得有层次、轮廓感，将作品直接推到参观者的面前，给人留下更深的心理印象。

最后和老师沟通过程中一起探索了一些画框颜色等细节问题，开始想用黑色花纹或单色装饰画框，但觉得用花纹层次会出问题，影响面具的表现力，决定用单色，开始时我们想用白色，只是觉得它好看，而老师建议用银灰色，起初我们很不理解，最后发现用银色是对的，我们只考虑了作品的美观性没有考虑到作品的每一个细节都要为主题服务，才能体现它的价值，而银色不是正与我们一直说的现代工业社会的机器相呼应吗？也是我们正想表达的。

图 6-7 创意理念

图 6-8 作品名称：脸，学生作品

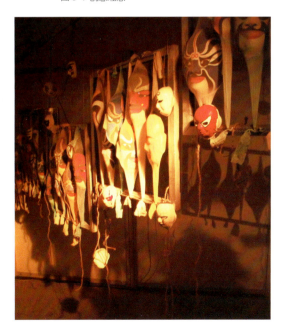

作品案例四

作品名称：

岁月朦胧（图6-9）

作品材料：

塑料布、灯光、铝板等

构成形式：

悬挂式构图。

表现形式：

手绘涂鸦形式。

创意理念：

通过塑料布、灯光、铝片等材料结合手绘涂鸦来表现大学生活，带给人们的小趣味。有了这点点滴滴，生活才不乏味，充实了岁月，充实了年华。涂鸦有我们日常生活的必需品，公交车、电视剧、小幻想、小飞船、小人物，五彩缤纷的小心情等，这些种种都说明了生活的多样化，丰富性。有人说，大学一年级往往"不知道自己不知道"，沉浸在开学后的兴奋之中，心比天高。大学二年级就进了一步"知道自己不知道"，可大学已过了一半。大学三年级时"不知道自己知道"，由编织玫瑰般的梦幻开始睁眼看世界。大学四年级"知道自己知道"。这时，一只脚已经迈向了社会，再往下便身处人海，再也没有了父母的庇护，师长的训导。从云端里落到实实在在的地上，用自己的双手撑一方天空，托起一轮太阳了。我们的大型孔明灯，岁月朦胧正如一轮新的太阳，寄托着希望、梦想、未来，指引着我们前进。

用塑料布来表达内心若有若无的情怀，塑料布本身是半透明状材料，特点单纯、简单、朴素、朦胧，这种特性与大学生相符。使材料依附思想，使思想得以充分发挥、展现。透明塑料布上会有我们的各种生活场景即用品的剪影，在灯光的映衬下，投射出我们大学生活的各种情节。塑料布有三层，每一层的内容情节不同，但那些都是我们喜欢的，还有记忆深刻的回忆，和留有感受的情景，珍藏于此。把这些美好的情节画在大型的孔明灯上，带着美好留给青春，岁月。把回忆、梦想结合于此。

作品的构图形式采用集中扩散型，重点集中在照片周围，塑料布的叠层体现了朦胧性还有生活的深度，虽然昨天、前天已经成为过去，但那不等于过去，它还有它的位置、份量。就如灯光下的朦胧画面一样，里面的情景、图画，依旧可以显现出来，只是通过这种方式表现出种种在我们内心的轻重缓急。悬挂这种形式表现出了动感之美，使它不再死板、停止。灯的里层灯罩是由铝板折成的四方形，镂空散发出光，点的构成比较强，也比较有现代感，四边也同样用铝条粘贴，起固定的作用。作品整体看来比较简约、有趣。灯光打出的光线投射出来的倒影表现了作者的思想、内心。

图 6-9 作品名称：岁月朦胧，学生作品

作品案例五

作品名称：

旋风（图6-10）

作品材料：

国家英语四、六级考试准考证、渔网、铁丝等。

创意理念：

作品灵感主要来源于两方面。首先，从韩国著名的装置艺术大师徐道沪先生的作品中，我们受到一定的启发，徐道沪以自己的经验为创作灵感的来源，他的作品《制服·我39年的自画像》是作者对幼儿园、小学、初中、高中时的操练服、大学校服、大学操练服，以及军服、预备军服、民防卫服等他在39年里曾经穿过的制服的汇总。这些自从和一个叫"学校"的社会建立关系起就穿过的校服，促动了艺术家对受教育的自我和被塑造的感叹，以及由于穿上"校服"而在集体中逐渐消失的自我问题。徐道沪利用韩国学生服兵役时的姓名牌子作为艺术媒材的使用，来表现庄严不可违抗之服从性与群体性。另一方面，对于一个试图回忆的艺术家来说，重要的不是他曾经经历过什么，而是如何编织他的记忆。徐道沪是用这种方法实现的，我们也想以自己的经验为基础，进行创作。对于学生来说，上大学英语是所有人的必修课，可是对于大部分人来说，这是个难点。对于艺术生来说，难度可能更大。让无数的大学生为了那两张证而奋斗，没有喜欢不喜欢，只有需要不需要。刚刚结束了国家四级、六级英语考试，看着一张张的准考证，我们不禁想做件东西，反映我们的心情，反映我们的生活。经过一系列的讨论、完善，我们最终选择了《旋风》这个方案。

图 6-10 作品名称：旋风，学生作品

材料分析：

　　以英语四、六级准考证和渔网为主要材料，主题为体现当代大学生的生活。英语四、六级考试犹如旋风席卷着每所大学，影响着每个人的生活。作品一共选取了 365 张卡，以此来表达一年 365 天皆把这件事放在心上，日夜牵挂，是构成大学生活的一部分。准考证是硬质塑料的卡片，能够反射一定的光线，而且，上面带有颜色，能够起到点缀的作用。真实的卡片，带给人们真实的感受。每张卡片上都带有故事。属于这张卡和我们的故事。选用渔网这种材料有两个作用，一是社会就像是一张大网，各种关系与事情相互交织，复杂难以琢磨与猜测，成功地通过四六级考试使我们更好，更成功地走向社会这张大网的一个必要条件，扮演这一个重要的角色，最后只是以一个数字的表现形式呈现在面前。选择最轻最细的一种网，给人一种朦胧的通透感。这种半透明织物的使用也模糊了作品本身与环境的界限。

作品案例七

作品名称：

呼吸（图6-11）

作品材料：

麻绳、鱼线、木头框架、气球。

材料分析：

通过麻线和鱼线疏密松紧的编织再与气球的结合突出主题。线的紧绷像我们的神经一样裹住整个框架。鱼线的透明与麻绳的不透气感形成鲜明的对比，借此比喻压抑与欢畅的不同呼吸感受。气球是本作品的灵动元素，作品选用气球来体现呼吸的主题，将气球悬挂在空中，以其灵动来体现动感和存在。

整个空间内充满气球，其中中间部分的气球悬挂空中，给人很轻松的感受，与下边部分的紧实感形成鲜明对比。作品选用粉色与蓝色两种颜色搭配，分别给人以轻松与压抑的感觉。

创意理念：

我们选择气球作为主题"呼吸"的灵动元素。气球具有灵动性，有收缩感觉，很适合呼吸这个主题，人们在呼吸这个美妙的过程中调整着自己的状态，将自身调解好的呼吸归类于粉红色气球，而蓝色气球则代表着正在进行或未调整过来的呼吸。这种感觉很微妙，灵动感，两者之间相互影响，相互转换，此起彼伏。用鱼丝线和麻线将立方体交替缠绕，最终封闭一体，四面高低起伏的层次感具有透气性和现在感，更符合时代的气息。鱼丝线和麻线穿插交替，给人们在视觉触觉上创造了非凡感受，城市的节奏在此欲发生动，透气与紧绷相互和谐。我们将顶部和底部分别布满粉色和蓝色的气球，当然，我们存在着连接和交换。有风的情况下，气球更能生动地体现呼吸的主题，我们将装置的场所放在室外，有自然风的参与，气球的动感和存在，那种类似呼吸的转换与跳动，更加自然了。

图6-11 作品名称：呼吸，学生作品

作品案例八

作品名称：

回忆（图6-12）

作品材料：

旧木板、金色油漆、透明玻璃、钢筋条，芦苇秸秆、松果，胶棒、木质梳子、陶瓷相框、小挎包，卡通型笔、装饰酒瓶，布老虎等综合材料。

通过创作，能唤起每个人对美好童真的记忆，在这压力和无奈相充斥的生活里，放松心灵，重新找回那些新鲜的感觉，再次踏上心灵的旅途，忘记周围这些繁杂的空间。

本次课题创作整体是以一种格子划分区域的形式呈现，每一个格子区域是由大小不等的木制箱子所代替，全部木箱拼接起来是一块完整的矩形木板。分割前完整的矩形木板代表着每个人从出生到观看这一创作作品的一个时间阶段，划分后的每个大小不一的箱子代表着过往人生阶段某一刻的记忆。全部箱子顶部盖封的透明玻璃，给人一种透彻清晰的感觉，通过玻璃观看箱子里的物品，使人联想到过去，那一幕犹如往事重演，玻璃却又起到阻隔的作用，让我们清楚地意识到那只是回忆，无法再去触摸那段往事，只能把那段回忆放在箱子里密存。每一个木箱采用喷绘上金色油漆，金色的给人一种光阴时间的感觉，犹如一条时间带，想起金色的童年，往日的光线，萦绕在箱子上。

箱子内部饰物采用芦苇秸秆和干松果作辅助，芦苇秸秆的两端被削尖，与原先平滑的表面呈现鲜明的对比，摆放上以一种错落交叉的形式呈现，表现出一种复杂和挣扎感，对于往日的回忆可想而不可及。松果原有形状是花的形态，喷绘上金色的油漆后表达出往日美好的回忆，犹如花一般的美丽。整体的造型如上所述，每一个箱子里的主体物各有不同，所运用的主体物都是能够唤起我们共同回忆的物品，让每一个人看后都能够产生共鸣，也让每一个人看后都有属于自己单独的那一份回忆。

选择这些主体物时，无论从色彩还是形体上都充分考虑与整体的协调性，颜色多以暖色居主，观后给人一种暖意。形体上多是立体物品，给人一种更加清晰的空间直立感，寓意更加明确化，每个阶段都有不同的回忆时期。根据日常生活中一切都在变化感触，作品最后的摆设方式呈现高低不平的形式，以体现出时间在不断变化，事物在不断变化，记忆也有深浅的特点。采用废旧钢筋结构的铁架来制作主体物的底座，之所以采用废旧钢筋是因为废旧钢筋给人一种沧桑感，光阴逝去，岁月的痕迹，往日的光亮，只能是往日，只能是回忆。同时钢筋制作的铁架，与主体物的木质结构形成鲜明的对比，给观看者强烈的视觉冲击。两者相结合更好地体现出过去的真的已经过去，存下的只有那一段回忆。

图 6-12 作品名称：回忆，学生作品

作品案例九

作品名称：

幻影——追梦童年（图 6-13）

作品材料：

镜子、牛皮纸、鱼线、磨砂玻璃等。

创意理念：

作品主要创作思路来自于每个人童年时都十分喜爱的万花筒，通过对它的演变，最终创作出了这一组的作品。对于我们来说儿时的记忆实在是美好，每天无忧无虑，简单快乐的生活，似乎生活的意义就是毫无烦恼地快乐着，未来对于我们来说是那么渺小，快乐是那么简单，我们轻易地就能获得，打沙包，跳皮筋，跳方格，弹弹珠，拍样片一这些都是 20 世纪 80 年代出生的孩子们童年中最为重要的记忆，万花筒亦是如此。英国物理学家大卫·布鲁斯特在 1816 年发明并命名了"万花筒"，同时就该名字申请了专利，Kaleidoscope 一"万花筒"这一词源自希腊语 kaleidoscope 的译文，就是"观看美丽的图形"的意思。而万花筒的构造又是十分简单，在筒中放置两个或多个的矩形镜子组合，并将它们对角安装，通过光的反射形成图像。根据镜子的不同组合、镜子的材质不同而所看到的影像也不同。成像则是由各种亮片、玻璃珠、胶条、彩色纸等组合起来的。

制作说明：

选择万花筒作为装置主体，主要因为万花筒有一定的趣味性。装置艺术的一大特点就是参与性，当观众置身其中，在观赏的同时又可以与艺术品本身进行互动，作品带给观众的不仅是视觉的冲击，更是把观众作为艺术品本身的一部分。而制作的 26 个外表各异的万花筒，每个内部的图形都是不同的，使观众在观看的同时又会对下一个筒中的图案产生好奇。而万花筒下面许多磨砂玻璃做的装饰，与摆放的万花筒相互呼应，两者形状都是多边形，材质类似，既增加了整个作品的体量感，又使作品产生了一种新的视觉感受。

之所以取名为幻影，是万花筒中图案带给我们的感受，镜子中的图案是那么的炫丽，但它是虚幻的，只是一种偶然的存在，是变幻莫测。而它却又是真实的，它带给我们童年的那些快乐是真实的，也许，它曾是我们的梦想，梦想得到它，梦想得到那个五彩斑斓的世界和那份纯真的快乐。

图 6-13 作品名称：幻影——追梦童年，学生作品

项目实训

一、选择实际项目或模拟项目，通过训练了解实践的过程。

要求：1. 完成实践项目的全部过程；2. 绘制详细的各种图纸；3. 提交调研的全部数据与报告。

二、可能的情况下到与材料有关的工坊，具体参与作品制作。

要求：提交有工坊，实践的具体数据报告。

参考文献

[1] 安吉拉·默克罗比.后现代主义与大众文化[M].田晓菲,译.北京:中央编译出版社,2006.

[2] 瓦尔特·本雅明.机器复制时代的艺术[M].李伟,等,译.重庆:重庆出版集团,2006.

[3] 徐淦.装置艺术[M].北京:人民美术出版社出版,2003.

[4] 釜山双年展组委会发行处.2011釜山双年展图录,2011.

[5] 装置艺术的发生和发展.艺术中国,2009(4).

[6] 傅志毅.西方现代艺术中媒介选择的扩延及其意义[J].韶关学院学报,2007(8).

[7] 陈健.论环境设计中的装置艺术[J].同济大学学报(社科版),2005(3).

[8] 装置艺术的当代性:顾振清访谈录.http://blog.sohu.com/people/!YXJ0Z3V6aGVucWluZ0B
zb2h1LmNvbQ==/139655501.html.

图录作者

图1-2作者:严赫镕(韩国)、图1-9作者:Laurence DERVAUX、图1-10作者:Shezad DAWOOD(英国)、图1-15作者:Inci EVINER、图1-18作者:Shieh ChiehHUANG(中国台湾)、图1-25作者:Ki-Youl CHA、图1-28作者:Dinh Q.LE(越南)、图1-30作者:Tomoke KONOIKE。

图2-1作者:Ben jamin Armstrong、图2-2作者:Sara Nuytemans、图2-8作者:Alastair MACKIE、图2-10作者:Tae Hun KANG、图2-19作者:严赫镕(韩国)。

图3-1作者:Plexiglass、图3-3作者:Lucy Orta(法国)、图3-7作者:Ika Meyer(德国)、图3-23作者:Kenji YANOBE(日本)、图3-24作者:Shih Chieh HUANG(中国台湾)。

图4-12作者:Laurence DERVAUX(比利时)、图4-21作者:Eduardo Kac(巴西)、图4-22作者:Stephen WILKS(英国)、图4-24作者:蔡国强、图4-26作者:Min—jungKiim、图4-34作者:Pablo Cardoso(厄瓜多尔)、图4-35作者:Waltercio Caldas(巴西)、图4-36和图4-37作者:严赫镕(韩国)、图4-41作者:Zadok BEN-DAVID、图4-42作者:Claude LEVEQUE、图4-43作者:Stephen WILKS、图4-44和图4-45作者:Alice ANDERSON(英国)、图4-46作者:Saburo MURAOKA(日本)、图4-47作者:Moris(墨西哥)、图4-49作者:Asa Elzen(瑞典)、图4-50作者:Marco Maggi(乌拉圭)、图4-51作者:Tomoko KONOIKE(日本)、图4-55作者:Moris(墨西哥)、图4-57作者:Kader ATTIA(法国)、图4-59作者:Leonid Sokov(乌兹别克斯坦)、图4-61作者:Zadok BEN-DAVID、图4-64作者:Eva Marisaldi、图4-65作者:Laurence DERVAUX(比利时)

图5-1作者:Dzine、图5-6作者:Antoni Muntadas(西班牙)、图5-12作者:阿克、图5-13 Shih Chieh HUANG(中国台湾)、图5-14作者:Hugo WILSON(英国)、图5-15作者:Arnulf RAINER(澳大利亚)、图5-16作者:Kosei KOMATSU(日本)

本书图片凡没有标注作品名以及作者的,均拍摄于韩国釜山双年展、韩国光州双年展、中国艺术北京等展览。